微甜・微醺

大人系手作
冰淇淋與雪酪

CREAM & CHOCOLATE, FRUITS & HERBS
TEA & COFFEE, SWEET SAKE & SAKE LEES

坂田阿希子　　中川たま　　本間節子　　寺田聰美／著

安珀／譯

CONTENTS

- 4 　材料介紹
- 6 　器具介紹

ICECREAM & SHERBET 1
CREAM/CHOCOLATE

坂田阿希子女士
鮮奶油／巧克力

- 10 　香草冰淇淋
- 12 　柳橙風味巧克力冰淇淋
- 14 　蜂蜜香草冰淇淋
- 14 　核桃巧克力冰淇淋
- 15 　薄荷巧克力雪酪
- 16 　香蕉焦糖冰淇淋百匯
- 18 　巧克力冰淇淋淋黑櫻桃醬汁
- 20 　椰絲白巧克力冰淇淋
- 22 　馬斯卡波涅乳酪冰淇淋 淋阿瑪雷托杏仁香甜酒
- 24 　草莓巧克力冰棒

ICECREAM & SHERBET 2
FRUITS/HERBS

中川たま（TAMA）女士
水果／香料植物

- 28 　檸檬雪酪
- 29 　檸檬果醬雪酪
- 30 　莫西多冰沙
- 30 　羅勒西瓜冰沙
- 32 　芒果杏仁冰淇淋
- 34 　嫩薑哈密瓜雪酪
- 34 　迷迭香白巴薩米克醋草莓雪酪
- 36 　薰衣草藍莓牛奶冰淇淋
- 38 　奇異果優格雪酪
- 38 　小豆蔻鳳梨優格雪酪
- 40 　焦糖葡萄柚雪酪
- 42 　綜合莓果堅果卡薩塔冰淇淋

[本書中的規則]
・1小匙是5mℓ，1大匙是15mℓ。
・蛋使用的是L尺寸。
・鮮奶油使用的是乳脂肪含量35%以上的純鮮奶油。
・冷凍時間僅供參考，請視情況自行調整。
・手工製作的冰淇淋最好在數天之內享用。
　即使保存久一點，也請在1個月內食用完畢。
　保存時請用保鮮膜緊密包覆，以免沾染異味。

ICECREAM & SHERBET 3
TEA／COFFEE

本間節子女士
茶／咖啡

46	抹茶冰淇淋
48	咖啡冰淇淋
50	抹茶紅豆冰淇淋
50	咖啡巧克力大理石花紋冰淇淋
51	焙茶冰淇淋
52	伯爵紅茶草莓大理石花紋冰淇淋
54	馬薩拉茶冰淇淋
56	薄荷風味煎茶雪酪
57	咖啡雪酪 佐蘭姆酒＆鮮奶油霜
58	柳橙風味紅茶冰沙
58	生薑風味烏龍茶冰沙
60	咖啡奶油乳酪冰淇淋蛋糕

ICECREAM & SHERBET 4
SWEET SAKE／
SAKE LEES

寺田聰美女士
甘酒／酒粕

64	甘酒黑豆粉冰淇淋
66	酒粕果乾堅果冰淇淋
67	酒粕燉蘋果冰淇淋
68	甘酒巧克力冰淇淋 附日本酒漬無花果
70	甘酒草莓優格冰淇淋
70	甘酒藍莓優格冰淇淋
72	甘酒南瓜椰子冰淇淋
74	甘酒毛豆冰淇淋
74	甘酒黑芝麻冰淇淋
76	甘酒奇異果雪酪
77	甘酒柚子雪酪 淋日本酒
78	地瓜甘酒冰淇淋

關於材料

本書中所介紹的冰淇淋全都是以簡單的材料製作而成的。
正因如此，所以只要在選擇材料時掌握住重點，成品就會變得格外美味。
關於各個章節的主要材料，在此匯整了挑選的方法和注意要點。

ICECREAM & SHERBET 1
CREAM／CHOCOLATE

鮮奶油／巧克力
坂田阿希子 女士

坂田女士製作的是味道濃郁的冰淇淋，她所使用的鮮奶油是動物性鮮奶油。只要是乳脂肪含量35～47%的動物性鮮奶油，都可以依個人的喜好使用。乳脂肪含量越高，做出來的味道就越濃厚。
巧克力方面，建議大家使用被稱為「調溫巧克力」的烘焙用巧克力鈕扣，但是也可以使用板狀巧克力。如果使用板狀巧克力的話，請選用可可含量60%以上的巧克力。

ICECREAM & SHERBET 2
FRUITS／HERBS

水果／香料植物
中川たま 女士

中川女士製作的是味道清新的雪酪和冰淇淋，使用當令的水果製作，風味獨具，但若是芒果和藍莓，即使使用冷凍品也可以做出可口的冰品。
使用檸檬和萊姆等柑橘類的果皮製作的冰品，要選用國產的無農藥水果比較安心。如果買不到的話，可以用鹽搓揉外皮之後再洗淨，也可以用熱水迅速燙煮之後再洗淨，藉由這類方法去除農藥和果蠟。
香料植物要選用新鮮的，享受香氣。

ICECREAM & SHERBET 3
TEA/COFFEE

茶／咖啡
本間節子 女士

本間女士製作的是香氣濃郁的冰淇淋和冰沙。雖然統稱為茶和咖啡，其實包含了許多種類，但是基本上使用自己喜歡的種類來製作也沒有關係。紅茶方面，如果是搭配牛奶製成的冰淇淋，建議使用伯爵紅茶，如果是要欣賞顏色清涼的冰沙，則最好使用顏色鮮豔又漂亮的錫蘭紅茶。咖啡的話，使用中焙～深焙的咖啡豆，可以做出味道濃醇，香氣芬芳的冰淇淋。咖啡豆的烘焙程度越深，味道越濃厚。

ICECREAM & SHERBET 4
SWEET SAKE/SAKE LEES

甘酒／酒粕
寺田聰美 女士

寺田女士製作的冰淇淋，有益健康，味道輕盈，全靠甘酒增添甜味。甘酒的作法刊載於第65頁，但是使用市售品製作也OK。市售的2倍濃縮甘酒，請盡可能挑選只有用米和麴製作而成的商品。

酒粕的話，被稱為「板粕」的板狀酒粕，使用起來較為簡便。因為酒粕中殘留著8%左右的酒精成分，所以對於不能喝酒的人或孩童，要加少許的水，開火加熱，讓酒精成分蒸發之後再使用，比較安心。

關於器具

本書中沒有使用冰淇淋機。
要為大家介紹的是將材料裝入保鮮袋或長方盤中再予以冷凍的食譜。
因為不需要特殊的器具,所以輕鬆就能完成。

[保鮮袋]

本書中使用的是以M尺寸販售的,19×17.5cm的保鮮袋。可以製作出3～4人份的冰淇淋。建議使用可以確實密封的冷凍用保鮮袋。

[長方盤]

使用的是稱為「Cabinet Size」,21×16.5×深3cm的長方盤。這是即使一般家庭的冰箱冷凍室也很容易放入冷凍的尺寸。與保鮮袋一樣,可以製作出3～4人份的冰淇淋。炎夏時節,如果在調理之前先冷卻備用的話,冰淇淋比較不容易溶化。至於材質,不論是琺瑯,還是不鏽鋼都可以。如果使用琺瑯長方盤,剛從冷凍室拿出來的冰淇淋,用直火稍微烤一下,就會溶化得恰到好處。以不鏽鋼長方盤盛裝的冰淇淋,結凍的速度會比琺瑯長方盤來得快。

▶ 保鮮袋的使用範例

要將不黏稠的液體裝入保鮮袋時,將保鮮袋直立放在調理盆中比較容易盛裝。

如果是裝入保鮮袋中冷凍,在品嚐之前稍微放置在室溫中,用手揉捏,就會變軟。

裝入保鮮袋中冷凍的時候,要攤平。如果放在不鏽鋼長方盤中,比較容易攤平,也比較容易結凍。

▶ 長方盤的使用範例

如果是Cabinet Size的長方盤,因為表面積很大,所以使用醬汁製作大理石花紋很輕鬆。

如果想要做成冰淇淋蛋糕的風格,將烘焙紙鋪在長方盤中比較容易取出成品。

在製作冰沙的時候,結凍之後以叉子翻攪,製作成刨冰狀。

[手持式電動攪拌器]

使用於將結凍的液體攪散,或是打發鮮奶油的時候。比起使用打蛋器,可以縮短進行作業的時間。

[食物調理機]

使用於要將材料混合的時候,或是要在短時間內攪拌均勻的時候。此外,也經常冰淇淋的最後潤飾。在品嘗之前,將冰淇淋放入食物調理機中攪拌,可使冰淇淋飽含空氣,轉變成鬆軟的口感。也可以使用手持式攪拌棒替代。

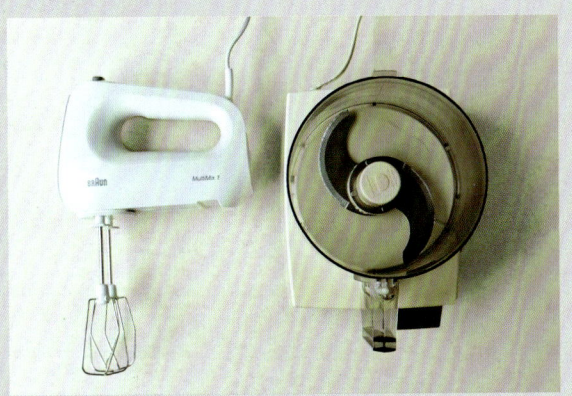

▶ 手持式電動攪拌器的使用範例　▶ 食物調理機的使用範例

手持式電動攪拌器有助於
快速混合呈半冷凍狀態的液體。

將長方盤中結凍的冰淇淋
在室溫中稍微放置一下,溶化後切成5～6cm的方塊,
放入食物調理機中攪拌。

[較大的湯匙、冰淇淋勺]

在盛盤的時候使用。使用冰淇淋勺的話,可以營造出就像在餐廳享用的擺盤。即使沒有冰淇淋勺,使用較大的湯匙的也可以。

使用2根湯匙,
盛裝時調整成球狀也很可愛。

[其他器具]

◎調理盆:製作冰淇淋時,建議使用容易冷卻的不鏽鋼製調理盆。
◎鍋子:在替牛奶和鮮奶油等加熱時使用。較小的鍋子也OK。
◎小濾網、濾網:除了用來過濾茶葉或咖啡粉之外,也可以用來使成品更加滑順。

◎打蛋器:除了打發鮮奶油之外,也可以在想要研磨攪拌材料時使用。
◎橡皮刮刀:在攪拌材料、將材料移入保鮮袋或長方盤中時必備的器具。請選用具有耐熱性的橡皮刮刀。
◎紙杯、磅蛋糕模具、圓形模具、可麗露模具等:在各個章節最後的食譜,使用模具製作。

ICECREAM & SHERBET 1
CREAM/CHOCOLATE

坂田阿希子女士
鮮奶油／巧克力

香濃柔滑的香草冰淇淋。
濃郁且微帶苦味的巧克力冰淇淋。
要教大家製作這兩款經典冰淇淋的是，
東京・代官山「洋食KUCHIBUE」餐廳的坂田阿希子女士。
就像在餐廳享用的一樣，剛做好的冰淇淋別有一番特殊的美味。
在這個章節裡要為大家介紹的食譜，是以鮮奶油和巧克力
為基底所製成的正宗味道。

ICECREAM & SHERBET 1
CREAM / CHOCOLATE

香草冰淇淋

正因為是自己親手製作的緣故，
所以可以品嘗到剛做好的美味。
請務必好好享用蛋、牛奶和香草的
單純風味，以及入口即溶的美妙口感。

材料（21×16.5×深3cm的長方盤1個份）
牛奶　300ml
鮮奶油　80ml
香草莢
　（縱向劃入切痕備用）　1/2根
蛋黃　3個
細砂糖　80g

作法

1. 將牛奶、鮮奶油和香草莢放入鍋中，加熱至快要沸騰（a）。取出香草莢。
2. 將蛋黃和細砂糖放入調理盆中，以打蛋器研磨攪拌至顏色泛白（b）。加入1攪拌。
3. 用濾網將2過濾到鍋中。以中火加熱，一邊以橡皮刮刀刮動鍋底攪拌，一邊加熱（以80℃為準）至變得黏稠（c）。
4. 將調理盆的底部墊著冰水，再度用濾網將3過濾到調理盆中（d）冷卻。將1的香草莢刮出香草籽，加入調理盆中（e），以橡皮刮刀攪拌。
5. 倒入長方盤中（f），覆上保鮮膜，然後放入冷凍室中讓它結凍。
6. 放入食物調理機中攪拌至變得滑順，然後再度倒入長方盤中冷凍1小時左右。

＊在品嘗之前放入食物調理機中攪拌一下，就可以做出口感滑順的冰淇淋。

ICECREAM & SHERBET 1
CREAM / CHOCOLATE

柳橙風味
巧克力冰淇淋

> 使用大量的高級巧克力
> 所製成的濃郁冰淇淋。
> 轉移至牛奶中的柳橙香氣
> 使冰淇淋的美味層次更升級。

材料（21×16.5×深3cm的長方盤1個份）
牛奶　320mℓ
柳橙（日本國產）皮　1個份
調溫巧克力　110g
鮮奶油　130mℓ
蛋黃　3個
細砂糖　40g
可可粉　15g
君度橙酒　1小匙～（依喜好）

作法

1. 將牛奶和切成適當大小的柳橙皮放入鍋中，加熱至快要沸騰。蓋上鍋蓋燜30分鐘以上，使柳橙皮的香氣轉移至牛奶中（a）。
2. 將調溫巧克力放入調理盆中，加入已經沸騰的鮮奶油使之溶化，製作成巧克力甘納許（b）。
3. 取另一個調理盆，放入蛋黃和細砂糖，以打蛋器研磨攪拌至顏色泛白。用濾網將1過濾加入調理盆中（c），以打蛋器攪拌。
4. 將3移入鍋中，以中火加熱，一邊以橡皮刮刀刮動鍋底攪拌，一邊加熱（以80℃為準）至變得黏稠（d）。
5. 將調理盆的底部墊著冰水，再次用濾網將4過濾到調理盆中使之冷卻。
6. 將2的巧克力甘納許和已經過篩的可可粉交替加入5之中混合攪拌（e、f）。這個時候，先將少許的5加入巧克力甘納許之中攪拌，會比較容易混合均勻。
7. 加入君度橙酒攪拌，然後倒入長方盤中，覆上保鮮膜，然後放入冷凍室中使之結凍。
8. 放入食物調理機中攪拌至變得滑順，然後再次倒入長方盤中冷凍1小時左右。盛入盤中，放上適量的柳橙皮細絲（分量外）。

＊在品嘗之前放入食物調理機中攪拌一下，就可以做出口感滑順的冰淇淋。

ICECREAM & SHERBET 1
CREAM / CHOCOLATE

arrange
蜂蜜香草
冰淇淋

將香草冰淇淋與
香氣芳醇的蜂蜜結合在一起。
花的種類會使香氣和味道有所差異，
所以請添加自己喜愛的蜂蜜享用。

作法
將香草冰淇淋（p.10）材料中的細砂糖減成半量變成40g，並且加入蜂蜜60g。在作法2中，將蛋黃和細砂糖混合攪拌之後，加入蜂蜜，其後的作法一樣。可依個人喜好，在享用時淋上蜂蜜。

arrange
核桃巧克力
冰淇淋

核桃的香氣和口感與
巧克力的風味是絕妙的搭配。
堅果經過烘烤之後
會更加突顯出芬芳的香氣。

作法
將適量的核桃（無鹽）以140～150℃的烤箱烘烤20分鐘左右。稍微切碎之後，取自己想要的分量撒在柳橙風味巧克力冰淇淋（p.12）上。

薄荷巧克力雪酪

> 可可的濃郁風味
> 搭配微微的薄荷清爽香氣。
> 沙沙的口感也讓人吃得很開心。

材料（21×16.5×深3cm的長方盤1個份）
水　200mℓ
牛奶　100mℓ
綠薄荷葉　10g
細砂糖　50g
調溫巧克力　40g
可可粉　8g

作法
1. 將水和牛奶放入鍋中，以中火加熱，沸騰之後加入綠薄荷葉，然後關火，蓋上鍋蓋燜5分鐘。加入細砂糖攪拌至溶化。
2. 將切碎的巧克力放入調理盆中，再將1一點一點地加入其中，以打蛋器攪拌。加入已經過篩的可可粉之後繼續攪拌。
3. 用濾網將2過濾到長方盤中，放涼之後放入冷凍室中使之結凍。冷凍1小時左右之後以湯匙攪拌全體，繼續冷凍30分鐘之後再次攪拌。
4. 在品嘗之前以叉子翻攪成刨冰狀。盛入器皿中，再加上很多的綠薄荷葉（分量外）裝飾。

ICECREAM & SHERBET 1
CREAM / CHOCOLATE

焦糖冰淇淋
香蕉百匯

} 焦糖煮到快要燒焦的狀態，
} 提引出香氣和苦味。
} 這是以焦糖堅果的香氣和
} 香蕉組合而成的大人風百匯。

材料（21×16.5×深3cm的長方盤1個份）
牛奶　300mℓ
鮮奶油　60mℓ
細砂糖　50g
水　1～2小匙
蛋黃　3個
黍砂糖　60g
焦糖堅果（參照下記）、
　香蕉、鮮奶油　各適量

作法
1. 將牛奶和鮮奶油放入鍋中，加熱至快要沸騰。
2. 取另一個鍋子，放入細砂糖、水，以大火加熱，將細砂糖煮焦到開始變黑時，一點一點地加入1，一邊加入一邊攪拌。
3. 將蛋黃和黍砂糖放入調理盆中，以打蛋器研磨攪拌至變得濃稠之後，加入2混合攪拌。
4. 用濾網將3過濾到鍋中。以中火加熱，一邊以橡皮刮刀刮動鍋底攪拌，一邊加熱（以80℃為準），當變得黏稠時立刻將鍋底墊著冰水冷卻。
5. 倒入長方盤中，覆上保鮮膜，然後放入冷凍室中使之結凍。
6. 放入食物調理機中攪拌至變得滑順，然後再次倒入長方盤中冷凍1小時左右。
   ＊在品嘗之前放入食物調理機中攪拌一下，就可以做出口感滑順的冰淇淋。
7. 將香蕉切塊、焦糖堅果碎片、冰淇淋盛入容器中，然後添加打至八分發的鮮奶油。

[**焦糖堅果**]

材料（容易製作的分量）
榛果（無鹽）　60g
細砂糖　100g

作法
榛果以140℃的烤箱烘烤20分鐘左右，然後大略切碎。將細砂糖和少許的水放入鍋中，以中火加熱。當周圍開始變焦時要晃動鍋子，待全體變成焦糖色後，加入榛果。一邊搖晃鍋子一邊將榛果裹滿焦糖，然後倒在鋪有烘焙紙的烤盤上放涼。剝成碎片後使用。

ICECREAM & SHERBET 1
CREAM / CHOCOLATE

巧克力冰淇淋佐黑櫻桃醬

> 將以紅酒煮成的黑櫻桃醬汁
> 澆淋在巧克力冰淇淋上，
> 完成一道極致冰品。

材料（21×16.5×深3cm的長方盤1個份）
牛奶　320mℓ
調溫巧克力　110g
鮮奶油　130mℓ
蛋黃　3個
細砂糖　40g
可可粉　15g
君度橙酒　1小匙～（依喜好）
　＊柑曼怡香橙干邑甜酒、白蘭地亦可
黑櫻桃醬（參照下記）　適量

作法
1. 將牛奶放入鍋中，加熱至快要沸騰。
2. 將調溫巧克力放入調理盆中，加入煮滾的鮮奶油使其溶化，製作成巧克力甘納許。
3. 取另一個調理盆，放入蛋黃和細砂糖，以打蛋器研磨攪拌至顏色泛白。加入1攪拌。
4. 將3移入鍋中，以中火加熱，一邊以橡皮刮刀刮動鍋底攪拌，一邊加熱（以80℃為準）至變得黏稠。
5. 將調理盆的底部墊著冰水，用濾網將4過濾到調理盆中使之冷卻。
6. 將2的巧克力甘納許和已經過篩的可可粉交替加入5之中混合攪拌。這個時候，先將少許的5加入巧克力甘納許之中攪拌，會比較容易拌勻。
7. 加入君度橙酒攪拌，然後倒入長方盤中，覆上保鮮膜，然後放入冷凍室中使之結凍。
8. 放入食物調理機中攪拌至變得滑順，然後再次倒入長方盤中冷凍1小時左右。將巧克力冰淇淋和黑櫻桃醬一起盛入盤中。

＊在品嘗之前放入食物調理機中攪拌一下，就可以做出口感滑順的冰淇淋。

[黑櫻桃醬]

材料（容易製作的分量）
黑櫻桃（罐裝）　1罐（220g）
紅酒　100mℓ
細砂糖　60g
香草莢　1根

作法
將瀝乾水分的黑櫻桃和剩餘的材料放入鍋中，開火加熱，以小火煮至水分剩下約2/3的量。放涼之後再置於冰箱中冰鎮。

ICECREAM & SHERBET 1
CREAM / CHOCOLATE

椰絲白巧克力冰淇淋

結合白巧克力、蘭姆酒、椰絲
製作出絕妙的滋味。
最後添加酸酸甜甜的鳳梨。

材料（21×16.5×深3cm的長方盤1個份）

細椰絲　60g
牛奶　300mℓ
鮮奶油　60mℓ
蛋黃　3個
細砂糖　30g
白巧克力　70g
蘭姆酒　適量（依喜好）
細椰絲（烘烤過）、鳳梨　各適量

作法

1. 細椰絲以140℃的烤箱烘烤15分鐘。
2. 將牛奶、鮮奶油和1放入鍋中，加熱至快要沸騰。蓋上鍋蓋燜30分鐘左右，轉移椰絲的香氣。
3. 將蛋黃和細砂糖放入調理盆中，以打蛋器研磨攪拌至顏色泛白。用濾網將2過濾到調理盆中，攪拌均勻。
4. 倒回鍋中，以中火加熱，一邊以橡皮刮刀刮動鍋底攪拌，一邊加熱（以80℃為準）至變得黏稠。
5. 將切碎的白巧克力放入調理盆中，再將4一點一點地加入其中溶解白巧克力，然後攪拌均勻。將調理盆的底部墊著冰水冷卻。
6. 加入蘭姆酒攪拌，倒入長方盤中，覆上保鮮膜，然後放入冷凍室中使之結凍。
7. 放入食物調理機中攪拌至變得滑順，然後再次倒入長方盤中冷凍1小時左右。盛入容器中，撒上細椰絲，再添加鳳梨。

＊在品嘗之前放入食物調理機中攪拌一下，就可以做出口感滑順的冰淇淋。

ICECREAM & SHERBET 1
CREAM / CHOCOLATE

馬斯卡彭乳酪冰淇淋
佐杏仁香甜酒

} 馬斯卡彭乳酪的香醇
} 和黏稠口感帶來獨特的美味。
} 搭配阿瑪雷托杏仁香甜酒
} 輕柔的甜香非常對味。

材料（21×16.5×深3cm的長方盤1個份）
牛奶　160mℓ
細砂糖　100g
蛋黃　2個
鮮奶油　80mℓ
馬斯卡彭乳酪　200g
阿瑪雷托杏仁香甜酒　適量（依喜好）

作法
1. 將牛奶和細砂糖的半量放入鍋中，加熱至快要沸騰。
2. 將蛋黃和剩餘的細砂糖放入調理盆中，以打蛋器研磨攪拌至顏色泛白。加入1攪拌。
3. 用濾網將2過濾到鍋中。以中火加熱，一邊以橡皮刮刀刮動鍋底攪拌，一邊加熱（以80℃為準）至變得黏稠。
4. 將調理盆的底部墊著冰水，再次用濾網將3過濾到調理盆中冷卻。
5. 取另一個調理盆，放入鮮奶油，以手持式電動攪拌器攪打至六～七分發。加入馬斯卡彭乳酪，以打蛋器攪拌，然後再加入4攪拌。
6. 倒入長方盤中，覆上保鮮膜，然後放入冷凍室中使之結凍。
7. 放入食物調理機中攪拌至變得滑順，然後再次倒入長方盤中冷凍1小時左右。盛入器皿中，依個人喜好的分量淋上阿瑪雷托杏仁香甜酒。

　＊在品嘗之前放入食物調理機中攪拌一下，就可以做出口感滑順的冰淇淋。

也可以先品嘗馬斯卡彭乳酪冰淇淋，
再淋上阿瑪雷托杏仁香甜酒，
享受口味變化的樂趣。

ICECREAM & SHERBET 1
CREAM / CHOCOLATE

草莓巧克力冰棒

以降低甜度的巧克力口味和
發揮其新鮮度的草莓口味
做成雙層冰棒。
這是希望能讓大人品嘗、
味道濃郁的冰棒。

材料（容量90mℓ的紙杯10～12個份）
巧克力　80g
牛奶　100mℓ
鮮奶油　100mℓ
可可粉　1大匙
細砂糖　40g＋90g
熱水　4大匙
草莓（去除蒂頭）　200g
檸檬汁　少許
水　50mℓ

作法
1. 先將切碎的巧克力放入調理盆中，再加入已經加熱至快要沸騰的牛奶和鮮奶油，以打蛋器攪拌。
2. 取另一個調理盆，放入可可粉和細砂糖40g，充分攪拌之後將熱水一點一點地加入其中攪拌。
3. 將2加入1之中攪拌，然後放涼。
4. 將草莓、細砂糖90g、檸檬汁和水放入果汁機中攪拌。
5. 將4倒入紙杯中至1/4（約20mℓ）左右，然後放入冷凍室中使之結凍。待確實結成冰之後，將3倒入紙杯中至一半～3/4。以鋁箔紙包覆杯口，插入冰棒棍，然後放入冷凍室中冷凍2小時以上。

＊添加櫻桃白蘭地或白蘭姆酒等也很美味。

製作冰棒時，容量90mℓ的紙杯尺寸大小適中。
冰棒棍是使用木製的咖啡攪拌棒。
要品嘗時，先撕破紙杯再取出冰棒。

ICECREAM & SHERBET 2
FRUITS／HERBS

中川たま女士

水果／香料植物

讓人很想在炎熱的夏日午後品嘗的清爽雪酪。
住在神奈川縣逗子市的料理家中川たま女士，
將在本章傳授能享用到新鮮水果或香料植物的食譜。
善用食材的原味來製作的簡單配方，
想做的時候立即就能輕鬆完成。
還有做成霜凍雞尾酒或冰淇淋蛋糕風的創意食譜。
水果和香料植物的鮮豔色彩也令人怦然心動。

ICECREAM & SHERBET 2
FRUITS / HERBS

檸檬雪酪

添加了牛奶，所以不會太酸，滋味溫和。
是道推薦在用餐後品嘗的甜品，
讓口中充滿清爽的味道。

材料（19×17.5cm 的保鮮袋 1 袋份）
砂糖（洗雙糖＊或細砂糖）　100g
水　150ml
牛奶　150ml
檸檬汁　150ml
＊以日本種子島生產的甘蔗製作而成，精製度低，
保留礦物質的砂糖。

作法
1. 將砂糖和水放入鍋中，以中火加熱，並且攪拌（a）。待砂糖溶化之後關火，放涼。
2. 將牛奶加入1之中攪拌，接著加入檸檬汁（b），充分攪拌均勻。
3. 將2倒入保鮮袋中，在長方盤中放平（c），然後放入冷凍室中使之結凍。
4. 冷凍大約2小時之後從冷凍室中取出，隔著保鮮袋揉捏（d）。將這個步驟反覆操作2～3次。盛入器皿中，附加檸檬圓形切片（分量外）。
   ＊在品嘗之前放入食物調理機中攪拌一下，就可以做出口感滑順的雪酪。

a

b

c

d

arrange
檸檬果醬雪酪

柑橘類果皮的苦味成為獨特的亮點。
與白酒的風味也非常契合。

作法
將檸檬雪酪的材料中的水，以等量的白酒取代，在作法2中加入2大匙檸檬果醬。果醬改用柳橙果醬也OK。

ICECREAM & SHERBET 2
FRUITS / HERBS

莫西多冰沙

{ 法式冰沙 granité 是一種
{ 口感清爽的法式冰品。
{ 也推薦在冰沙剛開始融化時
{ 當成飲品享用。

材料（21×16.5×深3cm的長方盤1個份）
萊姆　1個
白蘭姆酒　50mℓ
氣泡水或水　300mℓ
蜂蜜　1大匙
綠薄荷葉　20〜30片

作法
1. 在長方盤中搾取萊姆的果汁，並且將果皮磨碎（a）。
2. 加入白蘭姆酒、氣泡水或水，以及蜂蜜，充分混合攪拌均勻（b）。
3. 加入綠薄荷葉（c），覆上保鮮膜，然後放入冷凍室中使之結凍。在品嘗之前以叉子翻攪（d），攪成刨冰狀。

a

b

c

d

羅勒西瓜冰沙

{ 因為加入了醋和鹽，
{ 還可以預防夏季倦怠症。
{ 將冰沙放在番茄義大利冷麵上
{ 也很美味。

材料（21×16.5×深3cm的長方盤1個份）
西瓜（淨重）　300g
羅勒葉　10片
白酒醋　1/2大匙
鹽　1撮

作法
1. 將西瓜切成一口大小，去籽。
2. 將1和其餘的材料裝入保鮮袋中，封住袋口，隔著保鮮袋揉捏，將西瓜弄碎。
3. 將2移入長方盤中，覆上保鮮膜，然後放入冷凍室中使之結凍。
4. 在品嘗之前以叉子翻攪成刨冰狀。

ICECREAM & SHERBET 2
FRUITS / HERBS

芒果杏仁冰淇淋

﹛稍微融化之後可以品嘗到芒果的黏稠口感
﹛與杏仁風味組成的和諧美味。

材料（21×16.5×深3cm的長方盤1個份）
▶ 杏仁冰淇淋
鮮奶油　100mℓ
砂糖（洗雙糖＊或細砂糖）　1大匙
杏仁霜　1大匙
牛奶　100mℓ

▶ 芒果冰淇淋
芒果（淨重）　250g（冷凍品亦可）
砂糖（洗雙糖＊或細砂糖）　1大匙
檸檬汁　2大匙

＊以日本種子島生產的甘蔗製作而成，精製度低，保留礦物質的砂糖。

作法
1. 製作杏仁冰淇淋。將牛奶以外的材料放入調理盆中，以打蛋器打發至立起尖角。一點一點地加入牛奶攪拌。
2. 將烘焙紙鋪在長方盤中，倒入1。覆上保鮮膜，然後放入冷凍室中使之結凍。
3. 製作芒果冰淇淋。將芒果去皮之後，切成一口大小。
4. 將3、砂糖、檸檬汁放入鍋中，以中火加熱。以木鏟稍微壓碎芒果，同時加熱2〜3分鐘直到變得黏稠。
5. 放涼之後，擺放在2的杏仁冰淇淋上面，覆上保鮮膜，然後放入冷凍室中使之結凍。在品嘗之前從冷凍室中取出，放置在室溫中，然後切成自己想要的大小。

鋪上烘焙紙比較容易取出冰淇淋。
將切下來的冰淇淋放入食物調理機中攪拌混合，還能做出別有一番風味的冰品。

ICECREAM & SHERBET 2
FRUITS / HERBS

嫩薑哈密瓜雪酪

雪酪是以果汁冷凍製成的法式冰品。
這是道將新鮮多汁的水果自然風味
發揮到極致的食譜。

材料（19×17.5cm的保鮮袋1袋份）
哈密瓜（安地斯哈密瓜等
　綠肉系的成熟哈密瓜）　1/2個（約500g）
嫩薑泥　1片份
蜂蜜　1大匙

作法
1. 去除哈密瓜的籽，過濾瓜瓤的果汁。將果肉去皮之後切成一口大小。
2. 將1的已經過濾的果汁、切好的果肉，以及其餘的材料裝入保鮮袋中混合，封住袋口之後，隔著保鮮袋稍微揉捏，然後放入冷凍室中使之結凍。
3. 在品嘗之前從冷凍室中取出，放置在室溫中，稍微軟化之後放入食物調理機中攪拌至變得滑順。

迷迭香白巴薩米克醋草莓雪酪

看似出人意料，卻能混合出
絕妙滋味的3種材料。
巴薩米克醋的酸味是美味的關鍵。

材料（19×17.5cm的保鮮袋1袋份）
草莓　300g
迷迭香　約2枝
白巴薩米克醋　1大匙
砂糖（洗雙糖＊或細砂糖）　3大匙
＊以日本種子島生產的甘蔗製作而成，精製度低，
保留礦物質的砂糖。

作法
1. 草莓去除蒂頭之後切成5mm的厚度。
2. 將1和其餘的材料放入鍋中，充分混合攪拌之後放置1小時左右。
3. 將2以中火加熱，沸騰之後轉為小火，煮5分鐘。放涼之後取出迷迭香的枝條，裝入保鮮袋中，然後放入冷凍室中使之結凍。
4. 在品嘗之前從冷凍室中取出，放置在室溫中，稍微軟化之後放入食物調理機中攪拌至變得滑順。

ICECREAM & SHERBET 2
FRUITS / HERBS

薰衣草藍莓牛奶冰淇淋

像冰淇淋蛋糕般盛在盤中，
就能用來當作款待賓客的甜品。一入口，
薰衣草的輕柔香氣就會擴散開來。

材料（21×16.5×深3cm的長方盤1個份）
牛奶　50mℓ
蜂蜜　1大匙
薰衣草（乾燥）　1g
鮮奶油　200mℓ
藍莓　80g（冷凍品亦可）
檸檬汁　1/2大匙

作法
1. 將牛奶、蜂蜜和薰衣草的半量放入鍋中，以小火加熱，稍微煮沸之後即可關火放涼。
2. 將鮮奶油放入調理盆中，以打蛋器打發至立起尖角。
3. 將1過濾加入2之中，混合攪拌均勻。
4. 將烘焙紙鋪在長方盤中，倒入3。不要抹平，使之呈現鬆軟的狀態。
5. 將藍莓和檸檬汁混合之後，擺放在4的上面，再撒上剩餘的薰衣草。覆上保鮮膜，然後放入冷凍室中使之結凍。在品嘗之前從冷凍室中取出，放置在室溫中，然後切成自己想要的大小。

將上記的冰淇淋稍微放置在室溫中，待軟化之後
放入食物調理機中攪拌，即可變身為可愛的紫色冰淇淋。
2種品嘗方式都很美味。

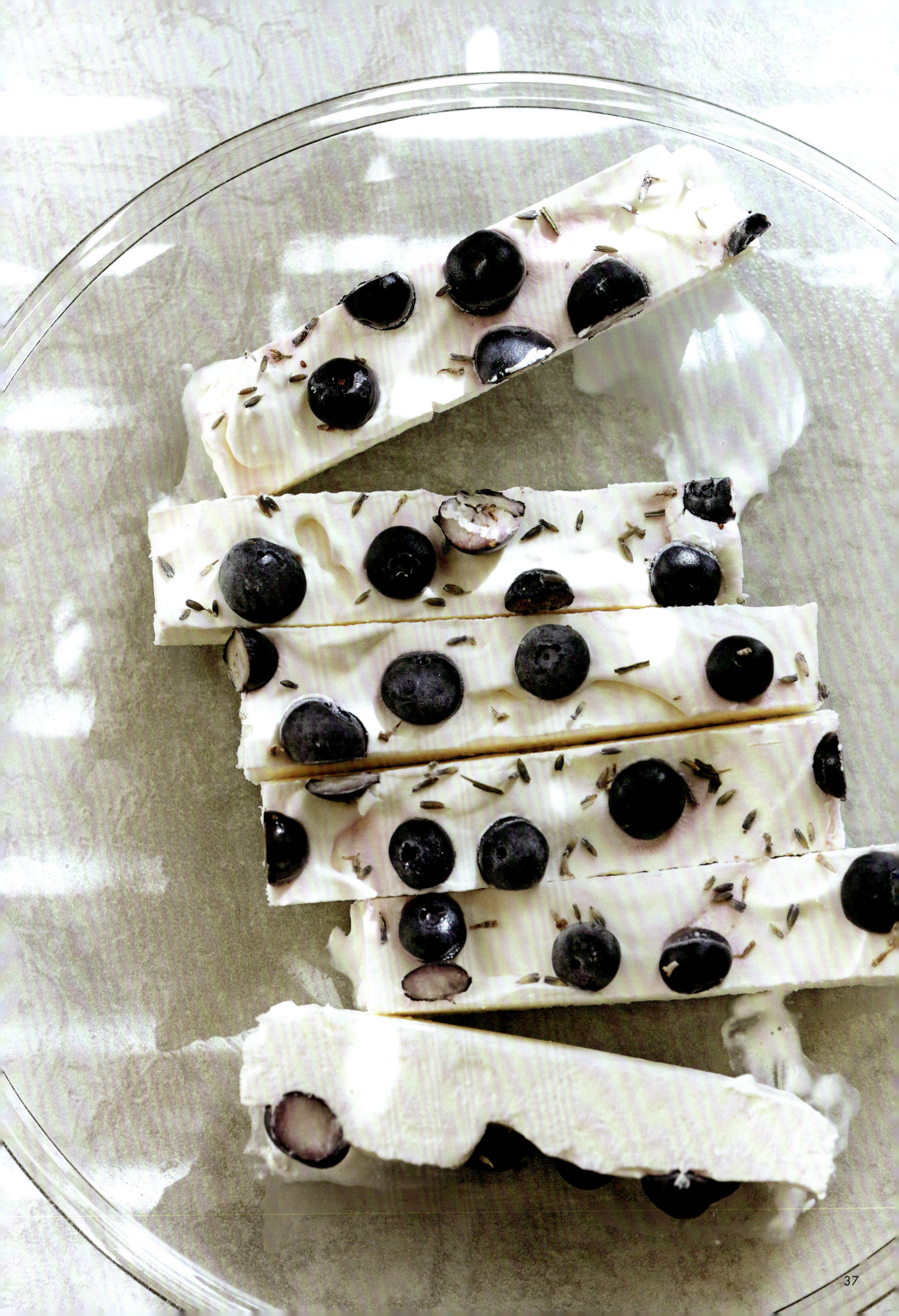

ICECREAM & SHERBET 2
FRUITS / HERBS

奇異果優格雪酪

使用完全成熟的奇異果製作
是做出美味雪酪的重點。
蜂蜜可以使獨特的酸味變得溫和。

材料（19×17.5cm的保鮮袋1袋份）
奇異果　3個
原味優格（無糖）　100g
蜂蜜　1大匙

作法
1. 奇異果去皮之後，切成一口大小。
2. 將1和其餘的材料放入食物調理機中，攪拌至變得滑順。
3. 將2裝入保鮮袋中，攤平之後放入冷凍室中使之結凍。
4. 經過大約2小時之後從冷凍室中取出，隔著保鮮袋揉捏。將這個步驟反覆操作2～3次。
   ＊在品嘗之前放入食物調理機中攪拌一下，就可以做出口感滑順的雪酪。

小豆蔻鳳梨優格雪酪

小豆蔻的香氣
帶來濃厚的南國風情。
是道很想在盛夏時節享用的甜品。

材料（19×17.5cm的保鮮袋1袋份）
鳳梨（淨重）　250g
原味優格（無糖）　100g
小豆蔻粉　1g
蜂蜜　1大匙

作法
1. 鳳梨切成一口大小。
2. 將1和其餘的材料放入食物調理機中，攪拌至變得滑順。
3. 將2裝入保鮮袋中，攤平之後放入冷凍室中使之結凍。
4. 經過大約2小時之後從冷凍室中取出，隔著保鮮袋揉捏。將這個步驟反覆操作2～3次。
   ＊在品嘗之前放入食物調理機中攪拌一下，就可以做出口感滑順的雪酪。

ICECREAM & SHERBET 2
FRUITS / HERBS

焦糖葡萄柚雪酪

> 將焦糖煮至呈現深色,
> 引出香氣和苦味。
> 與葡萄柚微苦的味道相結合,
> 創造出極致的美味。

材料(21×16.5×深3cm的長方盤1個份)
鮮奶油　50㎖＋50㎖
葡萄柚汁　300㎖（約2個份）
黍砂糖　20g
鹽　1撮

作法
1. 將鮮奶油50㎖放入調理盆中,以打蛋器打發至立起尖角。
2. 加入葡萄柚汁,混合攪拌均勻,倒入長方盤中。覆上保鮮膜,然後放入冷凍室中冷凍2～3小時。
3. 待2結凍至一定程度之後,將黍砂糖放入鍋中,以大火加熱。當煮至冒煙,變成較深的褐色時,移離爐火,然後加入鮮奶油50㎖和鹽,以木鏟充分攪拌均勻。
4. 待3放涼之後,隨意淋在2的葡萄柚雪酪上面,再次覆上保鮮膜,然後放入冷凍室中冷凍。
5. 在品嘗之前以冰淇淋勺之類的器具翻攪,然後盛盤。

如照片所示,用湯匙舀起焦糖隨意淋在雪酪的表面。
要享用時,以冰淇淋勺刮取,使雪酪呈現出大理石花紋。

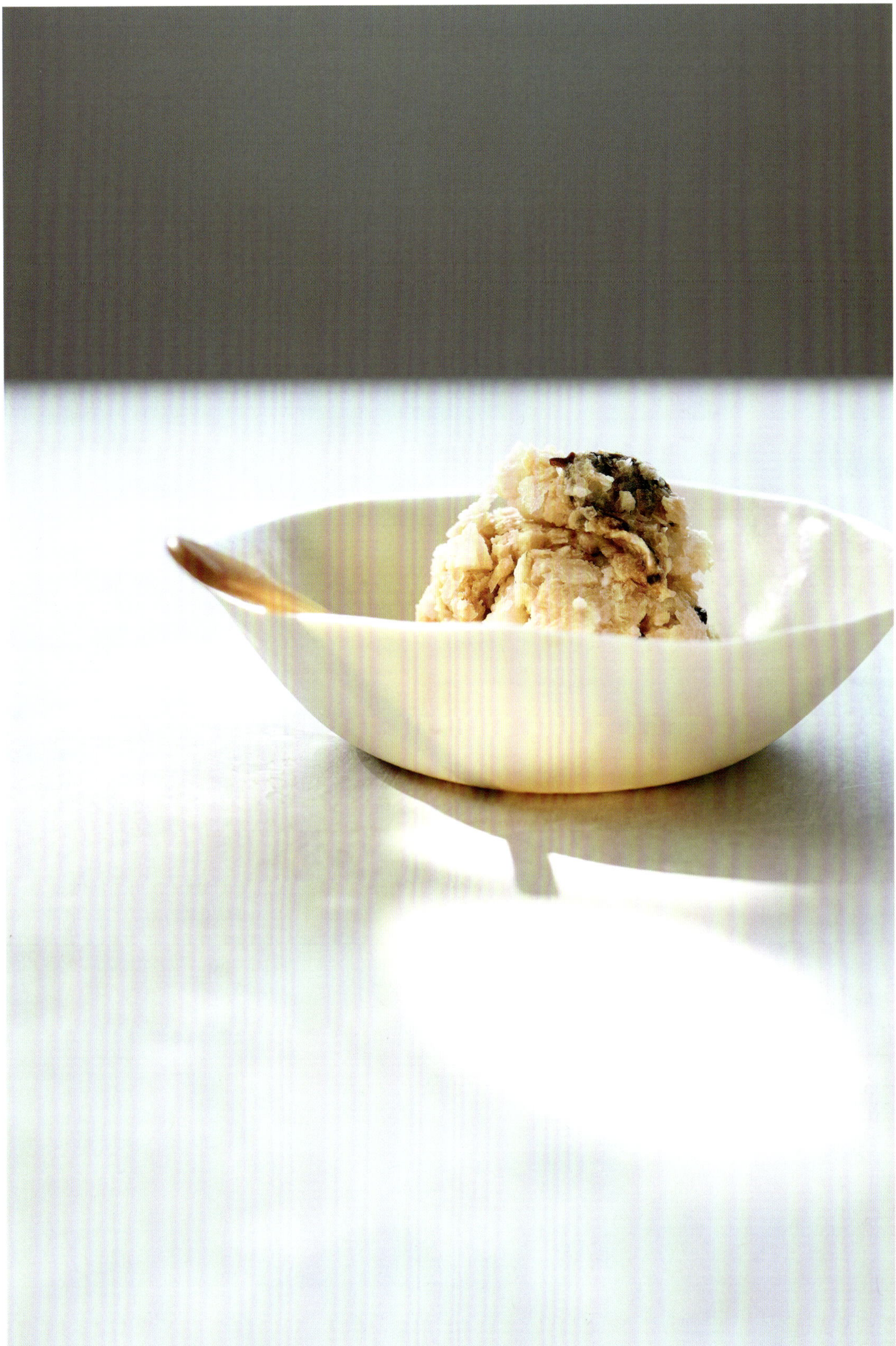

ICECREAM & SHERBET 2
FRUITS / HERBS

綜合莓果與堅果的
卡薩塔冰淇淋

稱作卡薩塔的義式冰淇淋。
優格和鮮奶油都是
使用1盒的分量就可以製作。

材料（8.5×18×高6cm的磅蛋糕模具1模份）
原味優格（無糖） 400g
砂糖 60g
杏仁（無鹽、細細切碎） 30g
莓果類（藍莓、覆盆子、草莓等）
　合計200g（冰凍品亦可）
檸檬汁 1大匙
鮮奶油 200mℓ

作法
1. 將原味優格放入鋪有廚房紙巾的網篩中，瀝乾水分直至剩下半量。
2. 將1大匙的水和砂糖20g放入平底鍋中，以中火加熱。開始冒出氣泡，糖液變得濃稠之後，放入杏仁碎粒沾裹糖液，待水分煮乾之後移離爐火。倒在烘焙紙上，放涼凝固。
3. 將莓果類、砂糖20g、檸檬汁放入鍋中，以中火加熱，煮沸之後即可關火。
4. 將鮮奶油、剩餘的砂糖放入調理盆中，以打蛋器打至八分發。將1的水切優格分成3次加入其中，每次加入時都要充分攪拌均勻。
5. 將2的焦糖堅果、3的莓果也加進去，迅速攪拌一下。
6. 將烘焙紙鋪在模具中，倒入5之後抹平，將保鮮膜緊密地包覆在表面，然後放入冷凍室中使之結凍。在品嘗之前從冷凍室中取出，放置在室溫中，然後切成自己想要的厚度。

鋪在模具中的烘焙紙要比模具稍大，從上方多露出一截，以烘焙紙包覆冰淇淋的上面部分之後，再以保鮮膜包覆，然後放入冷凍室冷凍。

ICECREAM & SHERBET 3
TEA / COFFEE

本間節子女士

茶／咖啡

抹茶、綠茶、焙茶、紅茶、烏龍茶，
除此之外還有咖啡。
清爽的香氣和些微的苦味，
組成令人欲罷不能的冰淇淋和雪酪，
具有自製甜品特有的細膩滋味。
這個章節由甜點研究家本間節子女士傳授
是將茶葉和咖啡的香氣發揮到極致的食譜。

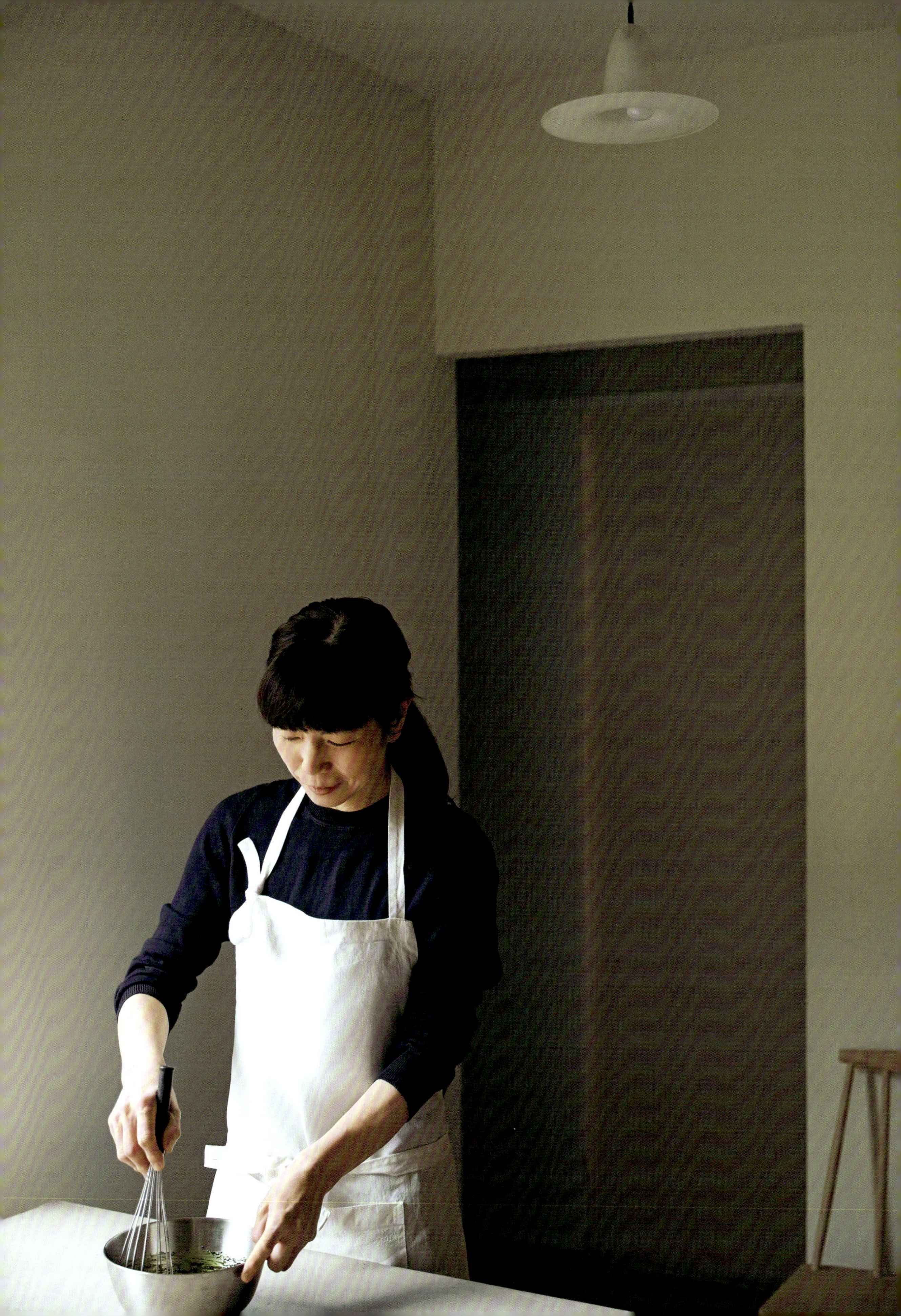

ICECREAM & SHERBET 3
TEA / COFFEE

抹茶冰淇淋

這份食譜中沒有加入蛋黃，
可以明確地感受到茶的原味。
包覆鋁箔紙可以防止褪色，
呈現出漂亮的抹茶顏色。

材料（21×16.5×深3cm的長方盤1個份）
抹茶　10g
水　30ml
細砂糖　60g
牛奶　200ml
鮮奶油　100ml

作法

1. 將抹茶以濾茶網過篩到調理盆中，加入水之後以打蛋器攪拌均勻。加入細砂糖，以研磨的方式充分攪拌，避免殘留結塊（a）。
2. 牛奶加熱至快要沸騰，然後一點一點地加入1之中攪拌均勻。將調理盆的底部墊著冰水冷卻（b），然後連同調理盆放入冷凍室中冷凍2～3小時。
3. 取另一個調理盆，放入鮮奶油，以手持式電動攪拌器打至八分發（c），然後放在冷藏室中冷卻。
4. 待2全體凝固之後，將手持式電動攪拌器的攪拌桿插入其中攪鬆（d），接著再以低速攪拌（e）。
5. 將3加入4之中攪拌，然後倒入冷卻過的長方盤中（f）。包覆鋁箔紙，再次放入冷凍室中使之結凍。

＊在品嘗之前以橡皮刮刀或湯匙攪拌一下，會變得更加滑順。

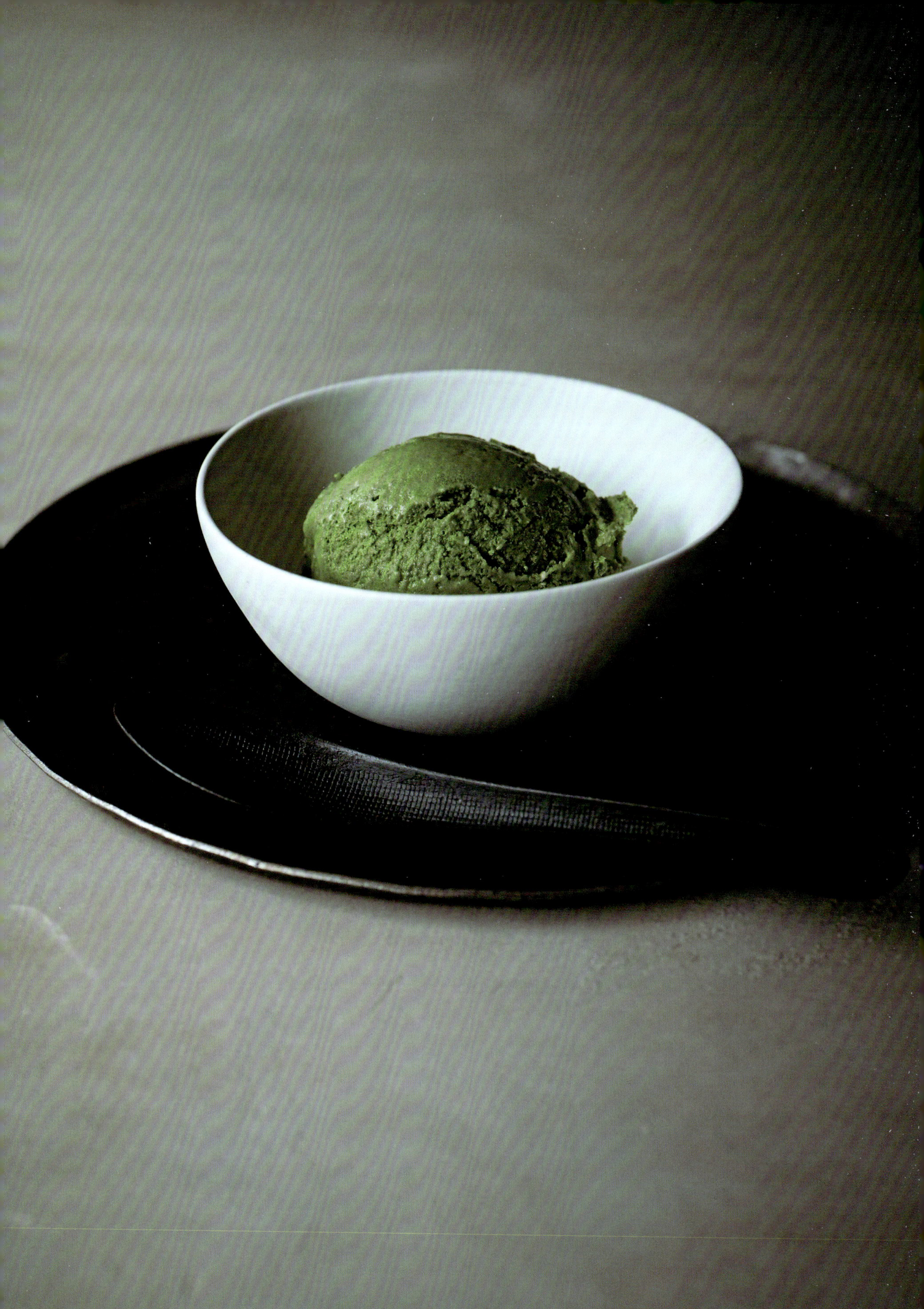

ICECREAM & SHERBET 3
TEA / COFFEE

咖啡冰淇淋

因為使用研磨過的咖啡豆製作，
所以充分保留香氣和苦味。
利用蛋黃和黍砂糖
製作出滋味濃醇的冰淇淋。

材料（21×16.5×深3cm的長方盤1個份）
咖啡豆（中研磨～粗研磨） 15g
熱水 20ml
牛奶 200ml
蛋黃 2個
黍砂糖 60g
鮮奶油 100ml

作法
1. 將咖啡放入小型調理盆中，澆淋熱水，然後放置2～3分鐘備用。
2. 將牛奶和蛋黃放入鍋中，以打蛋器混合攪拌。加入黍砂糖，充分攪拌均勻（b）。
3. 將2以小火加熱，一邊以橡皮刮刀刮動鍋底攪拌，一邊煮至微微冒出蒸氣，變得黏稠為止（c）。
4. 加入1攪拌，然後再以細孔濾網過濾到調理盆中（d）。將調理盆的底部墊著冰水冷卻，接著連同調理盆放入冷凍室中冷凍2～3小時。
5. 取另一個調理盆，放入鮮奶油，打至八分發，然後放在冷藏室中冷卻。
6. 待4全體凝固之後，將手持式電動攪拌器的攪拌桿插入其中攪鬆，接著再以低速攪拌（e）。
7. 將5加入6之中攪拌（f），然後倒入冷卻過的長方盤中。包覆保鮮膜，再次放入冷凍室中使之結凍。

＊在品嘗之前以橡皮刮刀或湯匙攪拌一下，會變得更加滑順。
＊請注意，如果咖啡研磨得太細會難以過濾。

a

b

c

d

e

f

ICECREAM & SHERBET 3
TEA / COFFEE

arrange
抹茶紅豆冰淇淋

兩種美味相得益彰的日式組合。
以煉乳稀釋紅豆,
可以增添濃醇的甜味。

作法
將水煮紅豆150g(或是在紅豆粒餡150g中加入少許的水之後加熱而成)和煉乳15g混合在一起。在抹茶冰淇淋(p.46)的作法5中,將冰淇淋倒入長方盤之後,加入紅豆和煉乳的混合物,然後以湯匙迅速攪拌一下。包覆鋁箔紙,然後放入冷凍室中使之結凍。

arrange
咖啡巧克力
大理石冰淇淋

在咖啡的苦味中
添加巧克力的甜味,
美味程度令人欲罷不能。

作法
將牛奶30ml倒入鍋中,開火煮至沸騰。加入切碎的半甜巧克力50g,充分攪拌使之溶化。加入蜂蜜10g攪拌,放涼。在咖啡冰淇淋(p.48)的作法7中,將冰淇淋倒入長方盤之後,加入巧克力醬汁,然後以湯匙迅速攪拌一下。包覆保鮮膜,然後放入冷凍室中使之結凍。

焙茶冰淇淋

> 味道清爽的關鍵在於優格。
> 比起只加入鮮奶油，
> 可以做出口味更加輕盈的冰淇淋。

材料（21×16.5×深3cm的長方盤1個份）
焙茶的茶葉　15g
熱水　50mℓ
牛奶　150mℓ
黍砂糖　60g
原味優格（無糖）　50g
鮮奶油　100mℓ

作法

1. 將焙茶的茶葉放入小型調理盆中，注入熱水，蓋上蓋子，然後放置2分鐘。
2. 將牛奶和黍砂糖放入鍋中，以中火加熱。沸騰之後關火，加入1攪拌，然後放置2分鐘。以濾茶網過濾至調理盆中。將調理盆的底部墊著冰水冷卻。
3. 冷卻之後加入原味優格混合攪拌，然後連同調理盆放入冷凍室中2～3小時使之結凍。
4. 取另一個調理盆，放入鮮奶油，打至八分發，然後放在冷藏室中冷卻。
5. 待3全體凝固之後，將手持式電動攪拌器的攪拌桿插入其中攪鬆，接著再以低速攪拌。
6. 將4加入5之中攪拌，然後倒入冷卻過的長方盤中。包覆保鮮膜，再次放入冷凍室中使之結凍。要品嘗時，撒上焙茶的茶葉（分量外）。

＊在品嘗之前以橡皮刮刀或湯匙攪拌一下，會變得更加滑順。
＊焙茶建議使用以遠紅外線焙煎而成的茶葉。盛盤時撒上，能讓冰淇淋香氣更濃郁又美味。

ICECREAM & SHERBET 3
TEA / COFFEE

伯爵紅茶草莓
大理石冰淇淋

> 飄散出香檸檬香氣的紅茶
> 和酸酸甜甜的草莓是最佳組合。
> 在盛盤的時候撒上茶葉,
> 就可以享受到更濃郁的香氣。

材料(21×16.5×深3cm的長方盤1個份)
▶ 伯爵紅茶冰淇淋
紅茶(格雷伯爵茶)的茶葉　10g
熱水　50ml
牛奶　250ml
黍砂糖　60g
蜂蜜　10g
鮮奶油　100ml

▶ 草莓醬
草莓　100g
細砂糖　30g
檸檬汁　2小匙

作法
1. 將紅茶的茶葉放入小型調理盆中,注入熱水,蓋上蓋子,然後放置2分鐘。
2. 將牛奶、黍砂糖和蜂蜜放入鍋中,以中火加熱。沸騰之後關火,加入1攪拌,然後放置2分鐘。以濾茶網過濾至調理盆中。將調理盆的底部墊著冰水冷卻,然後連同調理盆放入冷凍室中2～3小時使之結凍。
3. 製作草莓醬。草莓去除蒂頭之後切成4等分,放入鍋中,再加入細砂糖和檸檬汁,然後一邊壓碎草莓一邊煮至變得黏稠。
4. 取另一個調理盆,放入鮮奶油,打至八分發,然後放在冷藏室中冷卻。
5. 待2全體凝固之後,將手持式電動攪拌器的攪拌桿插入其中攪鬆,接著再以低速攪拌。
6. 將4加入5之中攪拌,然後倒入冷卻過的長方盤中。包覆保鮮膜,再次放入冷凍室中使之結凍。稍微凝固之後取出,加入草莓醬迅速攪拌一下。放入冷凍室中使之結凍。在盛盤的時候撒上紅茶的茶葉(分量外)。

以湯匙將草莓醬汁淋在伯爵紅茶冰淇淋的表面。請注意,如果攪拌過度大理石花紋會消失。

ICECREAM & SHERBET 3
TEA / COFFEE

馬薩拉茶冰淇淋

> 馬薩拉茶是加入香料
> 製成的印度奶茶。
> 只要使用市售的茶包
> 就能輕鬆完成。

材料（21×16.5×深3cm的長方盤1個份）
馬薩拉茶＊
　（使用個人喜愛的香料亦可） 15g
牛奶　150ml
蛋黃　2個
黍砂糖　60g
原味優格（無糖）　50g
鮮奶油　100ml
＊以紅茶、肉桂、小豆蔻、肉豆蔻、丁香、月桂葉等調配而成。

作法

1. 在鍋中煮沸100ml的熱水，放入馬薩拉茶，以小火煮2分鐘左右。
2. 取另一個鍋子，放入牛奶和蛋黃，以打蛋器攪拌，加入黍砂糖之後繼續充分攪拌。以小火加熱，一邊煮一邊攪拌至變得黏稠。
3. 加入1攪拌，然後以細孔濾網或濾茶網過濾至調理盆中。將調理盆的底部墊著冰水冷卻。冷卻之後加入原味優格混合攪拌，然後連同調理盆放入冷凍室中2～3小時使之結凍。
4. 取另一個調理盆，放入鮮奶油，打至八分發，然後放在冷藏室中冷卻。
5. 待3全體凝固之後，將手持式電動攪拌器的攪拌桿插入其中攪鬆，接著再以低速攪拌。
6. 將4加入5之中攪拌，然後倒入冷卻過的長方盤之中。包覆保鮮膜，再次放入冷凍室中使之結凍。在盛入容器的時候，附上餅乾或肉桂棒（材料外）。
    ＊在品嘗之前以橡皮刮刀或湯匙攪拌一下，會變得更加滑順。

這裡的食譜是將馬薩拉茶的茶包拆開來使用。
雖然茶包的配方會因廠牌而有所不同，
但是裡面一定會加入小豆蔻、肉桂。

薄荷風味
煎茶雪酪

能打從體內感到清涼，
外觀看起來也很清爽的雪酪，
推薦大家在夏季時享用。

材料（19×17.5cm的保鮮袋1袋份）
煎茶的茶葉　20g
細砂糖　40g
綠薄荷葉　3g

作法

1. 將煎茶的茶葉放入容器中，然後注入煮沸之後冷卻至80℃的熱水400mℓ。放置1分鐘之後，以濾茶網過濾至調理盆中，加入細砂糖攪拌溶化。將調理盆的底部墊著冰水冷卻。
2. 在鍋中煮沸熱水，放入綠薄荷葉迅速煮一下。撈出綠薄荷葉，浸泡在冷水中，然後擦乾水分，切成碎末。
3. 在已經變涼的1之中加入2攪拌，裝入保鮮袋中，然後放在冷凍室中3小時左右使之結凍。
4. 大約有一半凝固之後用擀麵棍敲碎。再次放入冷凍室中使之結凍，然後隔著保鮮袋揉捏，接著以手持式攪拌棒或食物調理機攪拌，使之變得滑順。在盛入容器的時候，以綠薄荷葉（分量外）裝飾。

咖啡雪酪
佐蘭姆酒&鮮奶油霜

雖然雪酪本身就很可口，
不過再添加上蘭姆酒和鮮奶油霜，
味道會變得更加醇厚。

材料（19×17.5cm的保鮮袋1袋份）
咖啡豆（中研磨～粗研磨） 40g
熱水 350mℓ
黍砂糖 30g
蘭姆酒 適量（依喜好）
鮮奶油 100mℓ

作法
1. 將咖啡豆放入濾杯中，分次少量地注入熱水，萃取出300mℓ的咖啡液。
2. 加入黍砂糖攪拌。放涼之後裝入保鮮袋中，然後放在冷凍室中3小時左右使之結凍。
3. 大約有一半凝固之後用擀麵棍敲碎。再次放入冷凍室中使之結凍，然後隔著保鮮袋揉捏，接著以手持式攪拌棒或食物調理機攪拌，使之變得滑順。在盛入容器的時候，依個人喜好淋上蘭姆酒，放上打至六分發的鮮奶油霜。

ICECREAM & SHERBET 3
TEA / COFFEE

柳橙風味紅茶冰沙

{ 建議選用正值當季、果肉柔軟的柳橙。
{ 使用細砂糖可以製作出清爽的甜度。

材料（19×17.5cm的保鮮袋1袋份）
紅茶（錫蘭紅茶）的茶葉　10g
熱水　400mℓ
細砂糖　30g
蜂蜜　10g
柳橙（日本國產）　1個

作法
1. 將紅茶的茶葉放入容器中，注入熱水。放置3分鐘，然後以濾茶網過濾至調理盆中，加入細砂糖和蜂蜜混合攪拌。
2. 柳橙先磨取果皮的碎屑，然後剝除剩餘的果皮，切取果肉。將果皮碎屑加入1之中，然後將調理盆的底部墊著冰水冷卻。果肉則放入保存容器中，置於冷藏室冷卻備用。
3. 將2已經冷卻的紅茶液裝入保鮮袋中，然後放在冷凍室中3小時左右使之結凍。
4. 大約有一半凝固之後用擀麵棍敲碎。再次放入冷凍室中使之結凍，然後隔著保鮮袋揉捏。要品嘗的時候，與柳橙果肉一起盛入容器。

生薑風味烏龍茶冰沙

{ 這裡使用的是台灣產的高山烏龍茶。
{ 烏龍茶的味道會隨著品種而有所差異，
{ 請選用自己喜歡的茶葉享用。

材料（19×17.5cm的保鮮袋1袋份）
烏龍茶的茶葉　15g
熱水　450mℓ
生薑薄片　5g
細砂糖　25g
蜂蜜　20g
蜂蜜煮生薑（參照右記）　適量

作法
1. 將烏龍茶的茶葉放入容器中，注入熱水。放置3分鐘，然後以濾茶網過濾至調理盆中，加入生薑薄片、細砂糖和蜂蜜混合攪拌。將調理盆的底部墊著冰水冷卻。
2. 將1已經冷卻的烏龍茶液裝入保鮮袋中，然後放在冷凍室中3小時左右使之結凍。
3. 大約有一半凝固之後用擀麵棍敲碎。再次放入冷凍室中使之結凍，然後隔著保鮮袋揉捏。要品嘗的時候放上蜂蜜煮生薑。

[**蜂蜜煮生薑**]

作法
將生薑薄片30g和蜂蜜30g放入鍋中。將100mℓ的熱水倒入製作烏龍茶冰沙時剩下的烏龍茶茶葉中，然後過濾烏龍茶液加入鍋中。以小火加熱，煮至出現光澤，水分變少為止。

ICECREAM & SHERBET 3
TEA / COFFEE

咖啡奶油乳酪冰淇淋蛋糕

〉以飄散著蘭姆酒香的咖啡糖漿
〉浸透的消化餅，
〉搭配降低甜度的乳酪冰淇淋，
〉做成提拉米蘇風味的冰淇淋蛋糕。

材料（直徑12cm的圓形模具1模份）
咖啡豆（細研磨） 20g
熱水 100ml
黍砂糖 20g＋30g
蘭姆酒 1小匙（依喜好）
奶油乳酪 100g
原味優格（無糖） 100g
鮮奶油 100ml
消化餅 8片
可可粉 適量

前置作業
・在模具的底部和側面鋪上烘焙紙。
・奶油乳酪置於室溫中回溫。

作法
1. 將咖啡豆放入濾杯中，分次少量地注入熱水，萃取出60ml的咖啡液。
2. 將1、黍砂糖20g和蘭姆酒放入調理盆中攪拌，然後放在冷藏室中冷卻。
3. 取另一個調理盆，放入奶油乳酪，以打蛋器攪拌，加入黍砂糖30g之後攪拌至變得滑順。加入原味優格之後繼續攪拌。
4. 取另一個調理盆，放入鮮奶油，打至九分發，然後加入3之中攪拌。
5. 將消化餅的半量弄碎之後放入模具的底部，然後以湯匙均勻地淋上2咖啡糖漿的半量，使糖漿浸透消化餅。放入4的半量之後抹平。
6. 將剩餘的咖啡糖漿倒入長方盤中，再將剩餘的消化餅剝成較大的碎片之後浸泡在咖啡糖漿中，然後鋪滿5的表面。放入剩餘的4之後抹平。放入冷凍室中使之結凍。
7. 脫模之後，剝除側面的烘焙紙。將可可粉一邊以小濾網過篩一邊撒在蛋糕的表面。在室溫中稍微放置一下，即可切成自己想要的大小。

在模具中鋪上烘焙紙，比較容易取出蛋糕。
撒上可可粉，瞬間變得很像提拉米蘇。

ICECREAM & SHERBET 4

SWEET SAKE/
SAKE LEES

寺田聰美女士
甘酒／酒粕

千葉・神崎的「寺田本家」釀酒廠自江戶時代以來已有350年的歷史，
出身自「寺田本家」的寺田聰美女士將傳授使用甘酒和酒粕製作的食譜。
她所示範的是完全不使用砂糖、乳製品和蛋的純素冰淇淋。
成品出乎意料地滑順，而且甜味溫和，
是能讓從孩童到年長者、不分世代皆喜愛的好滋味。
甘酒和酒粕都是源自於麴。日本酒的愛好者
請務必嘗試與日本酒搭配享用。

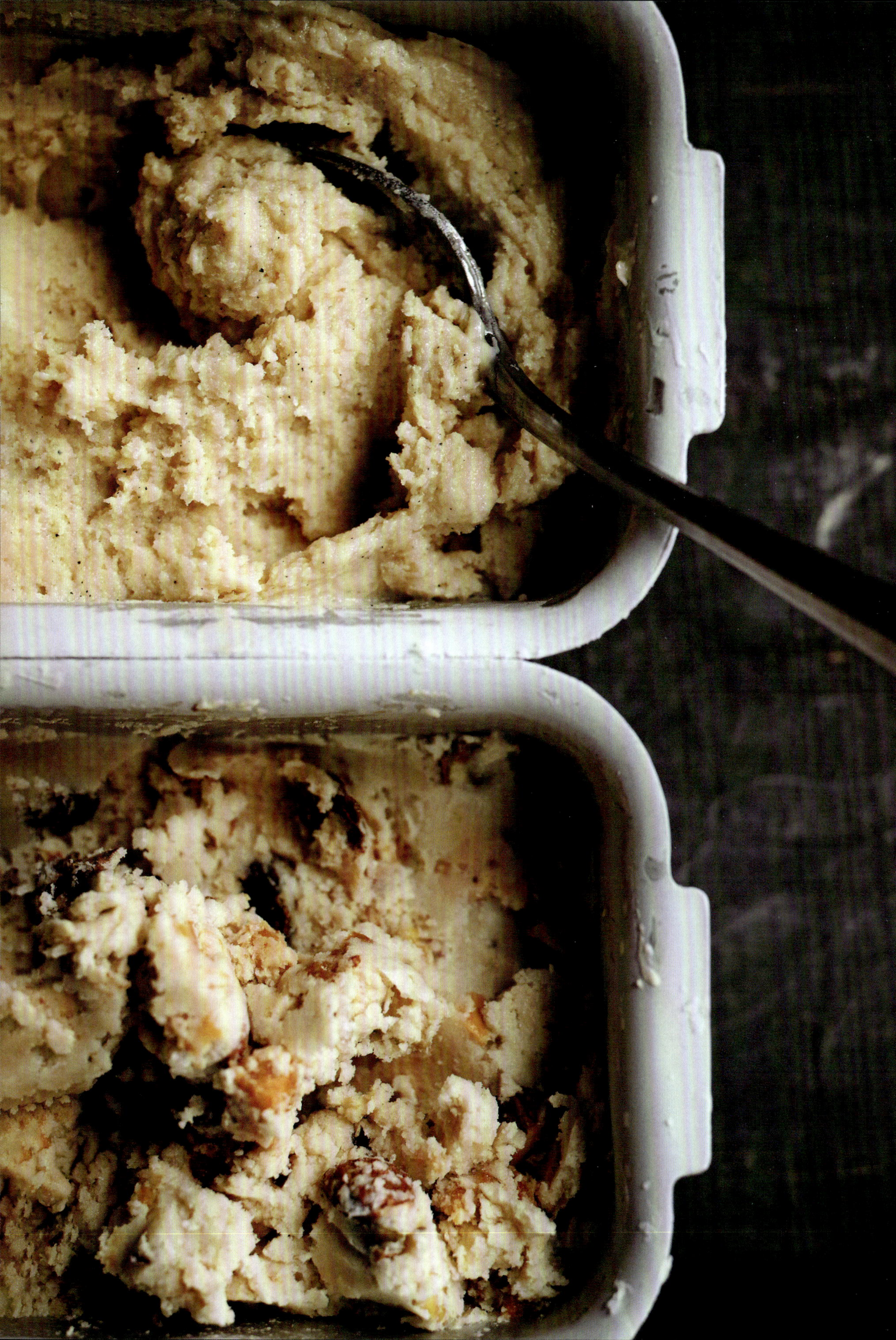

ICECREAM & SHERBET 4
SWEET SAKE / SAKE LEES

甘酒黑豆粉冰淇淋

{ 儘管沒有使用乳製品和蛋，
{ 成品卻出乎意料地濃郁滑順。
{ 黑豆粉讓外觀變得好看，並且賦予特殊的風味。

材料（19×17.5cm的保鮮袋1袋份）
2倍濃縮甘酒（參照下記） 250g
菜籽油 2大匙略多
木棉豆腐 120g
黑豆粉 1大匙

作法
1. 將甘酒倒入鍋中，以中火加熱，煮乾水分至剩下2成左右（a）。
2. 將1和其餘的材料放入食物調理機中，攪拌至變得滑順（b）。
3. 裝入保鮮袋中攤平（c），然後放入冷凍室中使之結凍。
4. 在品嚐之前從冷凍室中取出，放置在室溫中，用手揉捏至變軟。放入食物調理機中攪拌的話會變得更加滑順（d）。盛盤，撒上適量的黑豆粉（分量外）。

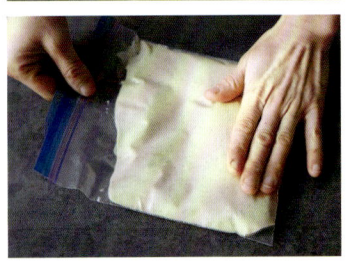

[2倍濃縮甘酒]

材料（容易製作的分量　完成的分量500g）
冷飯 300g
熱水 300mℓ
米麴 100g

作法
將冷飯放入電子鍋的內鍋中，加入熱水，充分攪拌均勻。加入米麴之後再次充分攪拌均勻。覆蓋布巾以免灰塵落入鍋中，按下保溫鍵。不蓋鍋蓋，保溫10～15小時（55～60℃）。待微微上色，出現甜味時就完成了。

＊如果要冷藏保存的話，需先煮沸，抑制發酵。可以保存1週。如果要冷凍保存的話不需加熱，可以保存1個月。

ICECREAM & SHERBET 4
SWEET SAKE / SAKE LEES

酒粕果乾
堅果冰淇淋

{ 可以享受到由酒粕釀出、具有層次的滋味。
{ 請使用自己喜歡的果乾和堅果製作。

材料（19×17.5cm的保鮮袋1袋份）

腰果　25g　　　　　　　豆漿（無調整）　100mℓ
2倍濃縮甘酒（p.65）　100g　　酒粕＊　25g
檸檬汁　1/2大匙　　　　　鹽　少許
葡萄乾、芒果乾（大略切碎）　各20g
開心果、杏仁（大略切碎）　各10g

＊如果在意酒粕的酒精，就加上等量的水，以中火加熱3分鐘左右，讓酒精成分揮發，放涼之後再使用。

作法

1. 將腰果和豆漿放入調理盆中，然後放在冷藏室中半天備用。
2. 將2倍濃縮甘酒、酒粕、檸檬汁、鹽和1放入食物調理機中（a），攪拌至變得滑順（b）。
3. 將2、果乾和堅果裝入保鮮袋中（c），攤平之後放入冷凍室中使之結凍。
4. 在品嘗之前從冷凍室中取出，放置在室溫中，用手揉捏至變軟（d）。

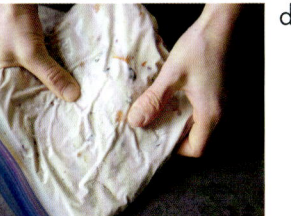

arrange

酒粕燉蘋果冰淇淋

{ 利用蘋果的果皮做出微帶紅色的冰淇淋。
{ 恰到好處的酸味帶來清爽的餘味。

作法

製作燉蘋果。將蘋果150g帶皮直接切成薄片。放入鍋中之後撒上少許的鹽，加入1大匙的水，以小火燜煮之後放涼。在酒粕果乾堅果冰淇淋的作法2之後，加入燉蘋果，再次攪拌（不加入果乾、堅果）。裝入保鮮袋中，以同樣的方式冷凍。

ICECREAM & SHERBET 4
SWEET SAKE / SAKE LEES

甘酒巧克力冰淇淋
佐日本酒漬無花果

以可可粉和甘酒製成的輕爽巧克力口味。
附上帶有日本酒香氣的無花果，
完成一道成熟大人風味的甜品。

材料（19×17.5cm的保鮮袋1袋份）
腰果　50g
豆漿（無調整）　2大匙
2倍濃縮甘酒（p.65）　230g
可可粉　15g
日本酒漬無花果（參照下記）　適量

作法
1. 將腰果和豆漿放入調理盆中，然後放在冷藏室中半天備用。
2. 將2倍濃縮甘酒、可可粉和1放入食物調理機中，攪拌至變得滑順。
3. 裝入保鮮袋中，攤平之後放入冷凍室中使之結凍。
4. 在品嘗之前從冷凍室中取出，放置在室溫中，用手揉捏至變軟。盛盤，附上切成一半的日本酒漬無花果。

[**日本酒漬無花果**]

材料（容易製作的分量）
無花果（果乾）　4個（30g）
日本酒　30ml
＊無花果和日本酒的分量相同。

作法
將無花果沾滿日本酒，靜置一晚左右。

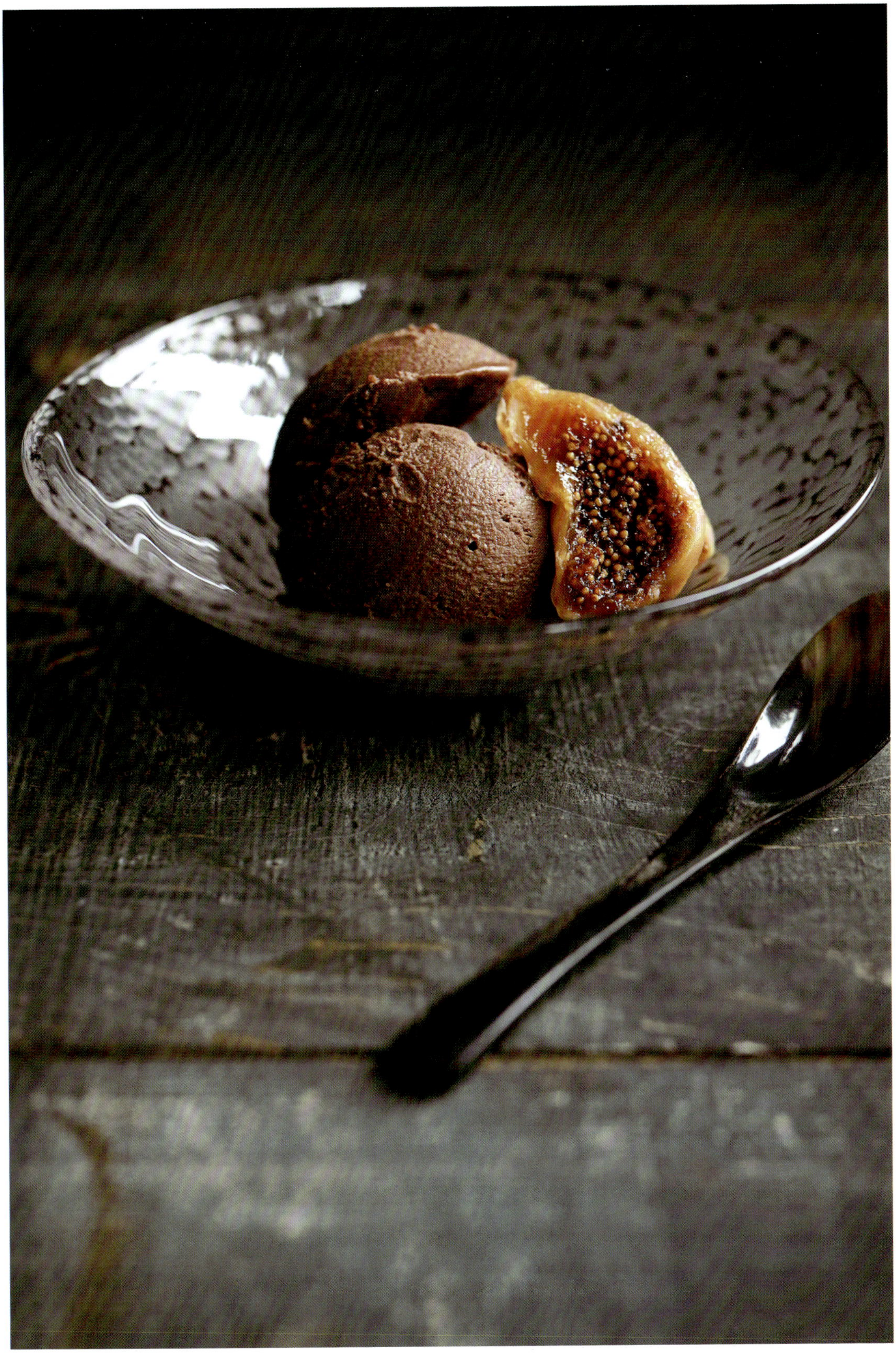

ICECREAM & SHERBET 4
SWEET SAKE / SAKE LEES

甘酒草莓
優格冰淇淋

莓果類非常適合搭配甘酒。
其中尤以草莓最為對味，
加入甘酒中就可以享用草莓甘酒。
做成冰淇淋當然也很美味。

材料（19×17.5cm的保鮮袋1袋份）
豆漿優格　200g
2倍濃縮甘酒（p.65）　200g
米油　1又1/2大匙
草莓（去除蒂頭，大略切碎）　120g

作法
1. 將豆漿優格放入鋪有廚房紙巾的網篩中，瀝乾水分直至剩下半量。
2. 將2倍濃縮甘酒、米油和1放入食物調理機中，攪拌至變得滑順。
3. 將草莓和2裝入保鮮袋中。用手揉捏至草莓有點溶出在白色的優格糊中，攤平之後放入冷凍室中使之結凍。
4. 在品嘗之前從冷凍室中取出，放置在室溫中，用手揉捏至變軟。

＊豆漿優格可以用普通的優格替代。

甘酒藍莓
優格冰淇淋

雖然也可以用新鮮藍莓，
不過使用冷凍藍莓製作也很美味。
搭配豆漿優格吃起來更為溫潤滑順。

材料（19×17.5cm的保鮮袋1袋份）
豆漿優格　200g
2倍濃縮甘酒（p.65）　200g
米油　1又1/2大匙
藍莓　120g

作法
1. 將豆漿優格放入鋪有廚房紙巾的網篩中，瀝乾水分直至剩下半量。
2. 將2倍濃縮甘酒、米油和1放入食物調理機中，攪拌至變得滑順。
3. 將藍莓和2裝入保鮮袋中。用手揉捏至藍莓有點溶出在白色的優格糊中，攤平之後放入冷凍室中使之結凍。
4. 在品嘗之前從冷凍室中取出，放置在室溫中，用手揉捏至變軟。

＊豆漿優格可以用普通的優格替代。

ICECREAM & SHERBET 4
SWEET SAKE / SAKE LEES

甘酒南瓜
椰子冰淇淋

﹛ 具有南瓜和椰子的濃郁滋味。
﹛ 加入少許的鹽能帶來提味的效果。

材料（19×17.5cm的保鮮袋1袋份）
南瓜　100g
鹽　少許
2倍濃縮甘酒（p.65）　160g
椰子油＊　80g
＊椰子油要使用有香味的。
＊如果椰子油呈凝固的狀態，
先以隔水加熱的方式使之變得滑順後再使用。

作法
1. 將南瓜帶皮切成薄片。
2. 將1放入鍋中，撒上鹽，加入大約1大匙的水，蓋上鍋蓋，以小火燜煮。煮熟之後放涼。
3. 將2倍濃縮甘酒、椰子油和2放入食物調理機中，攪拌至變得滑順。
4. 裝入保鮮袋中，攤平之後放入冷凍室中使之結凍。
5. 在品嘗之前從冷凍室中取出，放置在室溫中，用手揉捏至變軟。如果放入食物調理機中攪拌，會變得更加滑順。

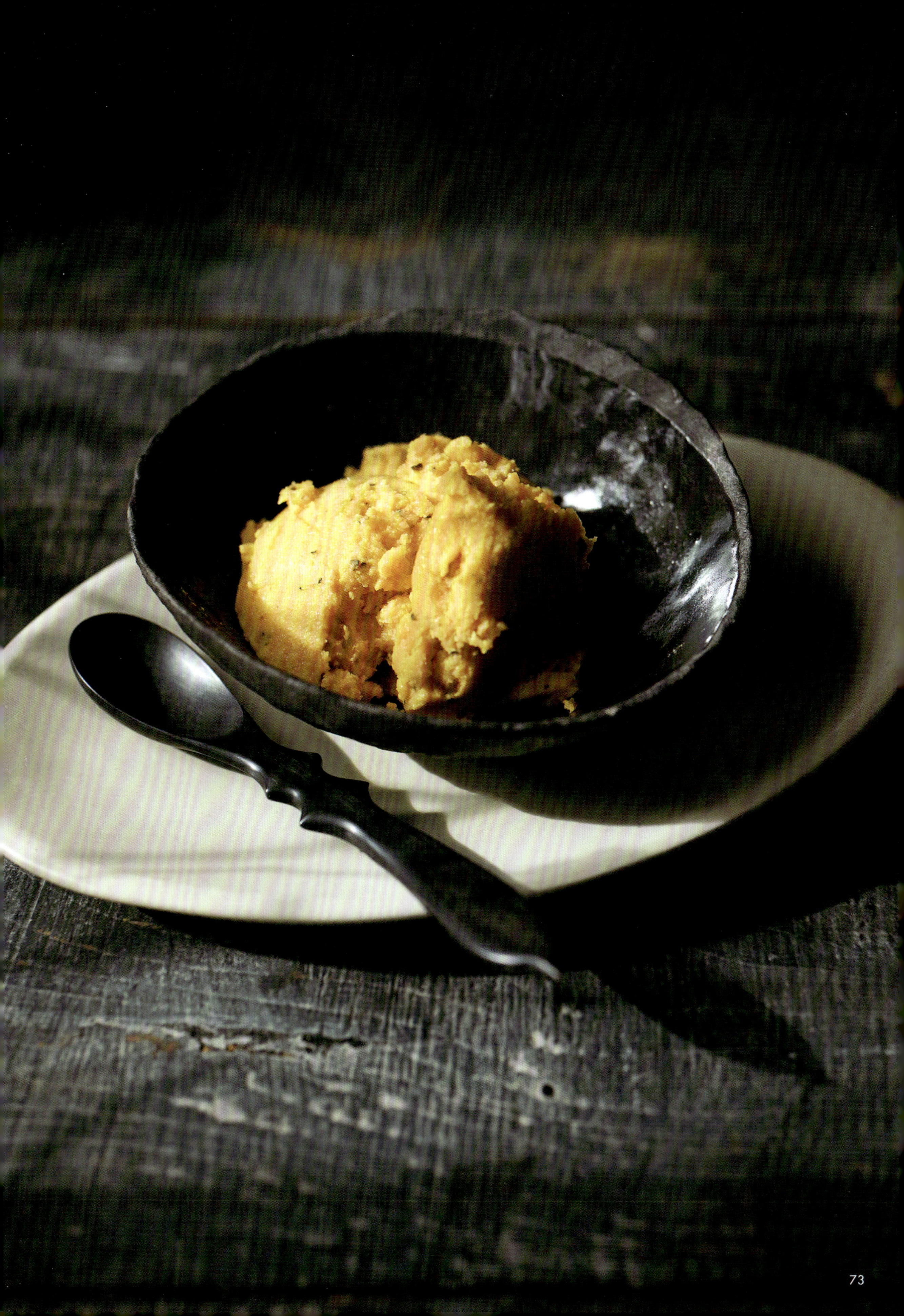

甘酒毛豆冰淇淋

毛豆和甘酒的天然甜味帶來溫和的療癒感。
雖然也可以使用冷凍毛豆,
但是請務必使用當令的新鮮毛豆。

材料（19×17.5cm的保鮮袋1袋份）
毛豆（淨重） 60g
2倍濃縮甘酒（p.65） 240g
菜籽油 1大匙

作法
1. 將毛豆煮軟之後，剝掉豆莢，取出毛豆仁。
2. 將2倍濃縮甘酒、菜籽油和1放入食物調理機中，攪拌至變得滑順。
3. 裝入保鮮袋中，攤平之後放入冷凍室中使之結凍。
4. 在品嘗之前從冷凍室中取出，放置在室溫中，用手揉捏至變軟。

甘酒黑芝麻冰淇淋

因為沒有使用乳製品,
所以味道很清爽。
豆腐的黃豆風味也與黑芝麻非常契合。

材料（19×17.5cm的保鮮袋1袋份）
2倍濃縮甘酒（p.65） 200g
黑芝麻 20g
木棉豆腐 100g

作法
1. 將材料全部放入食物調理機中，攪拌至變得滑順。
2. 裝入保鮮袋中，攤平之後放入冷凍室中使之結凍。
3. 在品嘗之前從冷凍室中取出，放置在室溫中，用手揉捏至變軟。

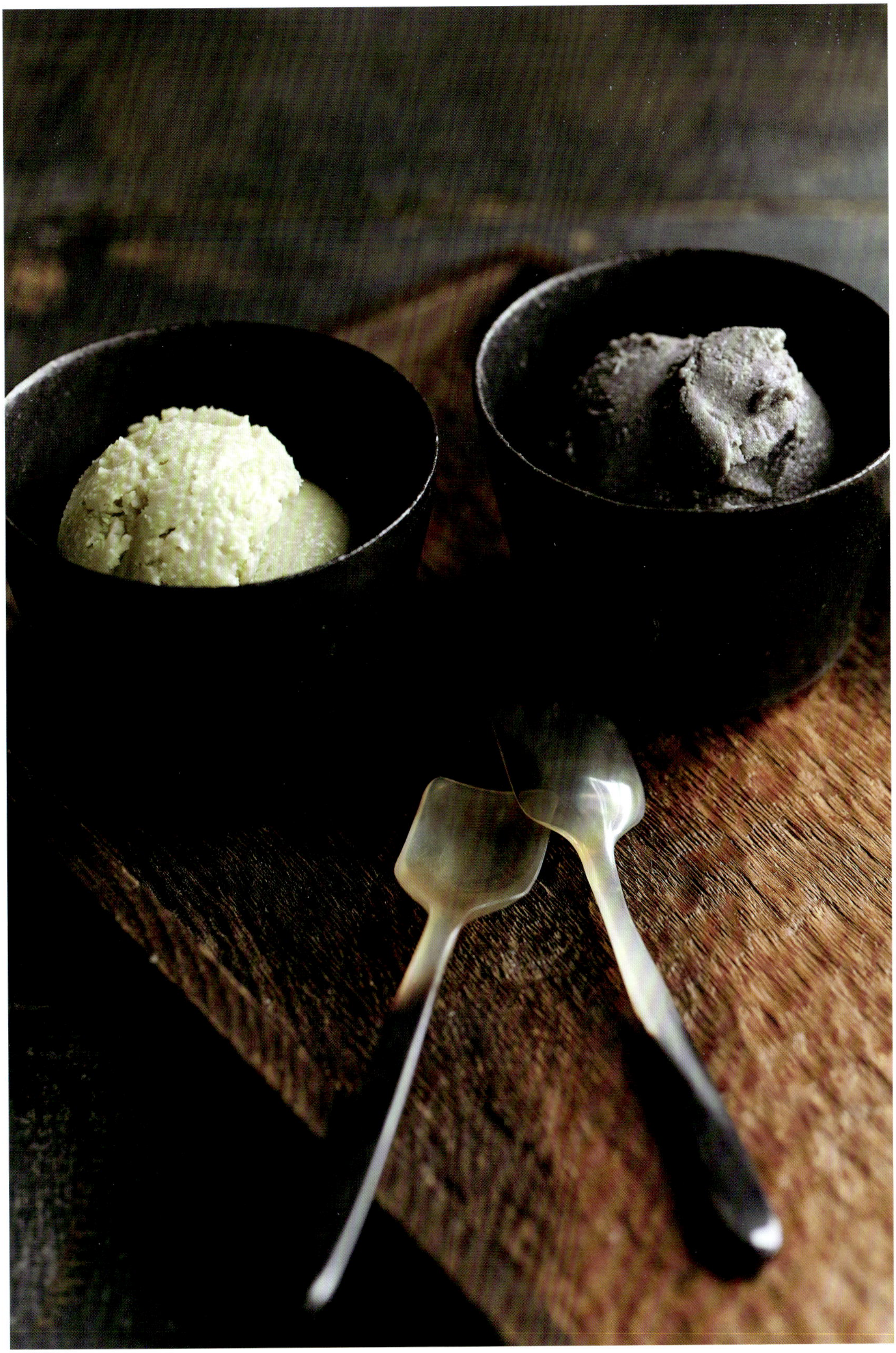

ICECREAM & SHERBET 4
SWEET SAKE / SAKE LEES

甘酒奇異果雪酪

只需將奇異果和甘酒混合之後冷凍，
即可做成的簡易雪酪。
甘酒讓奇異果有點突出的酸味
變得更加柔和。

材料（19×17.5cm 的保鮮袋 1 袋份）
2倍濃縮甘酒（p.65） 250g
奇異果（成熟的果實） 1個（100g）

作法

1. 奇異果去皮，切成一口大小。
2. 將2倍濃縮甘酒和1裝入保鮮袋中，揉捏混合。待全體混合均勻之後攤平，然後放入冷凍室中使之結凍。
3. 在品嘗之前從冷凍室中取出，放置在室溫中，用手揉捏至變軟。

甘酒柚子雪酪
佐日本酒

〉甘酒和柚子是絕佳的組合。
〉以果皮為容器，也適合用來招待賓客。
〉搭配日本酒，出乎意料地非常對味。
〉日本酒愛好者享用時不妨多淋上一些酒。

材料（19×17.5cm 的保鮮袋 1 袋份）
2倍濃縮甘酒（p.65） 300g
柚子汁 1大匙
磨碎的柚子皮 1/2小匙
日本酒 適量（依喜好）

作法

1. 將日本酒以外的材料全部裝入保鮮袋中，將全體混合，攤平之後放入冷凍室中使之結凍。
2. 在品嘗之前從冷凍室中取出，放置在室溫中，用手揉捏至變軟。依個人喜好淋上日本酒享用也很美味。
   * 也可以挖空柚子的果肉，將果皮冷凍之後作為容器。

ICECREAM & SHERBET 4
SWEET SAKE / SAKE LEES

地瓜甘酒冰淇淋

使用地瓜甘酒製作，
可以品嘗到地瓜的天然甜味。
也可以用保鮮袋製作，不過使用可麗露模具
就能做出小巧可愛的成品。

材料（口徑約5cm的可麗露模具4個份）
地瓜甘酒（參照下記） 300g
片栗粉 1/2大匙
豆漿（無調整） 30ml

作法
1. 將地瓜甘酒放入食物調理機中攪拌至變得滑順。
2. 將片栗粉和豆漿放入小型調理盆中攪拌均勻。
3. 將1放入鍋中，以中火加熱，變熱之後加入2，以橡皮刮刀充分揉合混拌。
4. 倒入可麗露模具中，放涼之後包覆保鮮膜，然後放入冷凍室中使之結凍。
5. 要品嘗的時候，將可麗露模具浸泡在裝有水的容器中，稍微解凍之後脫模，盛入盤中。

[**地瓜甘酒**]

材料（容易製作的分量 完成的分量500g）
地瓜 300g
熱水 300ml
米麴 100g

作法
1. 地瓜連皮切成1cm厚的圓形切片，放在蒸鍋中蒸熟。蒸熟之後放涼。
2. 將1放入電子鍋的內鍋中，以壓泥器搗碎（a）。
3. 將熱水注入2之中，稍微攪拌一下，加入米麴之後混合攪拌（b）。
4. 覆蓋布巾以免灰塵落入鍋中，按下保溫鍵。不蓋鍋蓋，保溫10～15小時（55～60℃）。
   ＊如果要冷藏保存的話，需先煮沸，抑制發酵。可以保存3天。如果要冷凍保存的話不需加熱，可以保存1個月。

a

b

坂田阿希子

從正宗的西式料理到家庭料理、甜點,擅長領域相當廣泛的料理研究家。代官山「洋食KUCHIBUE」餐廳的店主。
著有《幸福燒菓子》(台灣東販)、《わたしの料理》(筑摩書房)等書。

本間節子

甜點研究家、日本茶講師。主持「atelier h」甜點教室。她所製作的甜點,重視素材的原味,廣受好評。
著有《atelier h季節の果物とケーキ》(主婦之友社)等書。

中川たま

居住在逗子的料理研究家。擅長使用當令的蔬菜、水果、香料植物製作出充滿品味的料理,受到相當多人的喜愛。
著有《たまさんの食べられる庭》、《自家製の米粉ミックスでつくるお菓子》(皆為家之光協會)等書。

寺田聰美

自江戶時代開業至今的千葉「寺田本家」釀酒廠第23代的次女。鑽研長壽飲食法。其釀酒廠特有的發酵食譜,擁有眾多的支持者。
著有《寺田本家のおつまみ手帖》(家之光協會)等書。

微甜・微醺
大人系手作冰淇淋與雪酪

2025年7月1日 初版第一刷發行

著　　　者	坂田阿希子、中川たま、本間節子、寺田聰美
譯　　　者	安珀
編　　　輯	魏紫庭
美 術 編 輯	林佩儀
發 行 人	若森稔雄
發 行 所	台灣東販股份有限公司
	＜地址＞台北市南京東路4段130號2F-1
	＜電話＞(02)2577-8878
	＜傳真＞(02)2577-8896
	＜網址＞https://www.tohan.com.tw
郵 撥 帳 號	1405049-4
法 律 顧 問	蕭雄淋律師
總 經 銷	聯合發行股份有限公司
	＜電話＞(02)2917-8022

著作權所有,禁止翻印轉載,侵害必究。
購買本書者,如遇缺頁或裝訂錯誤,
請寄回更換(海外地區除外)。

Printed in Taiwan
TOHAN

日文版工作人員

設　　計	福間優子
攝　　影	邑口京一郎
造　　型	西崎弥沙
編　　輯	小島朋子
校　　對	安久都淳子
DTP製作	天龍社

ICE CREAM & SHERBET AMASUGINAI, OTONA NO AJIWAI
© AKIKO SAKATA 2024
© TAMA NAKAGAWA 2024
© SETSUKO HONMA 2024
© SATOMI TERADA 2024
© IE-NO-HIKARI Association 2024
Originally published in Japan in 2024 by IE-NO-HIKARI Association TOKYO, Traditional Chinese characters translation rights arranged with IE-NO-HIKARI Association TOKYO, through TOHAN CORPORATION, TOKYO.

國家圖書館出版品預行編目(CIP)資料

大人系手作冰淇淋與雪酪:微甜.微醺 / 坂田阿希子,中川たま,本間節子,寺田聰美著;安珀譯.
-- 初版. --臺北市:臺灣東販股份有限公司, 2025.07
80面;18.6×25.7公分
ISBN 978-626-379-984-4 (平裝)

1.CST: 冰淇淋 2.CST: 點心食譜

427.76　　　　　　　　　　114007110